RECHERCHES

SUR

L'INTRODUCTION DE LA FILATURE MÉCANIQUE

DU COTON

DANS LA HAUTE-NORMANDIE,

Par le Vte R. d'ESTAINTOT,

Président de la Société libre d'Émulation du Commerce et de l'Industrie.

ROUEN,

IMPRIMERIE DE HENRY BOISSEL,

RUE DE LA VICOMTÉ, 55.

1865.

RECHERCHES

SUR

L'INTRODUCTION DE LA FILATURE MÉCANIQUE

DU COTON,

DANS LA HAUTE-NORMANDIE,

PAR LE Vte R. D'ESTAINTOT.

Il y a quelques mois, la demande de souscription qui était adressée à la Société d'Émulation par la commune de Villers-Bocage (Calvados), à l'occasion d'un monument qu'elle se proposait d'élever à Richard Lenoir, fit soulever, par M. Dubreuil, une question pleine d'intérêt. Au nombre des titres du célèbre industriel on faisait figurer celui de créateur en France de la filature mécanique du coton. A cet égard, M. Dubreuil signala la protestation d'un de nos compatriotes les plus distingués, qui, dans un sentiment de piété filiale bien digne de respect, réclamait en faveur de son père, M. Louis-Ezéchias Pouchet, non pas la priorité de l'invention, il n'allait même pas jusque là, mais la propriété de l'introduction en France de machines anglaises à filer le coton.

Cette protestation, la Société d'Emulation eut à cœur de la soutenir, dans le cas où elle serait jugée fondée : elle intéressait la réputation de l'un de nos anciens collègues, car la Société libre d'Emulation s'honore d'avoir compté parmi ses membres M. Pouchet ; elle concernait un Rouennais, elle mettait presque en question le passé de l'industrie cotonnière dans la Haute-Normandie.

Aussi, la Compagnie tout entière trouva-t-elle que la question devait être étudiée de plus près et nous chargea-t-elle, concurremment avec M. Dubreuil, de demander à M. Pouchet communication des titres sur lesquels s'appuyait sa protestation.

C'est le résultat de cet examen que nous venons en ce moment exposer. On nous permettra d'y joindre tout ce que nous avons pu recueillir sur l'état de notre industrie avant 1789, et sur la vie des grands industriels à qui elle est redevable de ses progrès.

Trois grands manufacturiers signalent par leur initiative individuelle la seconde moitié du XVIIIe siècle : Holker, Brisout de Barneville et de Fontenay. Mais avant de rappeler ce qu'ils firent, il est presque nécessaire d'indiquer ce qu'on avait fait avant eux.

C'est de la première année du XVIIIe siècle que datent seulement les premiers essais tentés pour filer le coton ; ils préludèrent à la naturalisation des siamoises, petites étoffes à chaîne en soie et trame en coton. Mais quelques années plus tard, les Rouennais s'étaient tellement approprié le travail du coton pur, qu'ils créaient un tissu indigène auquel ils donnaient leur nom et que le monde entier désigna bientôt sous celui de *Rouenneries.*

A soixante-dix ans de là, des progrès considérables sont réalisés. Nous avons sous les yeux un travail précieux, ayant pour titre : « Mémoire général sur les différentes espèces de toilleries, toiles fortes et blancards, « et des étoffes de passementeries qui se fabriquent « dans la ville, fauxbourgs, banlieue et généralité de « Rouen, (1) » et nous y voyons déjà que les spécialités se localisent.

La banlieue de Rouen et le pays de Caux produisent spécialement les toiles fil et coton à chaîne de fil et trame de coton.

Les basins et futaines unis et les basins rayés se fabriquent au Neubourg et aux environs.

Rouen s'occupe concurremment des cotonnades et des siamoises rayées. La campagne d'Yvetot et ses environs produit « une quantité prodigieuse de siamoises rayées ou à carreaux, chinées ou flamées » pour ameublements, et d'autres encore d'une plus grande finesse, nommées siamoises blanches, pour faire « de jolies doublures et toiles imprimées. »

Le pays de Caux a encore « les montbéliards ou toiles « à matelas à chaîne et trame de fil très communes. » Bolbec produit des « *coutils jaspés*, dont la chaîne est « de fil de deux couleurs, doublés et retors, et la trame « de fil simple. » Saint-Valery-en-Caux et ses environs envoient à Rouen les *coutils damassés* à chaîne de fil et trame de coton ; Bolbec se signale déjà par sa fabrique de mouchoirs, avec laquelle essaient d'entrer en lutte

(1) Archives départementales de la Seine-Inférieure.

quelques paroisses du pays de Caux, telles qu'Yvetot, Saint-Laurent et ses environs.

Mais cette branche de tissage n'est pas la seule : on cite encore les *coutils bruns de Caux*, dont le centre de fabrication est à Saint-Valery et à Bacqueville. « Les « toiles à fleurs brochées ou lamées, à chaîne de fil « et trame de coton brochées ou lamées en laine ou « coton, » que le pays de Caux et les environs d'Yvetot produisent concurremment avec Rouen. Le pays de Caux et les environs de Saint-Laurent et de Doudeville ont encore la spécialité des toiles rayées ou à carreaux tout fil, et les paroisses de Sassetot, Gonnetot et Toqueville, aux environs du premier de ces bourgs, ont les spécialités des *gingas*, toiles « tout fil à carreaux bleus et blancs, » destinés spécialement à couvrir les matelas.

Une autre industrie non moins précieuse, celle des *coutils façon de Bruxelles*, dont les premiers essais ne sont pas antérieurs à 1760, avait également réussi à s'acclimater parmi nous, et quelques années plus tard, les sieurs Bourlet et Passot, à Evreux, un fabricant du pays de Caux, un autre de Darnétal, avaient réussi à soutenir d'une façon productive la concurrence des coutils de Bruxelles.

Notre pays fournissait encore les grosses toiles de lin, les toiles de chanvre et d'étoupe, et les toiles d'étoupe de lin pour emballage, les toiles à vestes et les *toiles brunes* dites *d'Ourville*.

Ces dernières méritent peut-être qu'on s'y arrête un instant : elles étaient faites de fil de lin pur ou de fil de lin ou d'étoupes ; on en distinguait plusieurs sortes, selon leur degré de finesse. « Les qualités les plus

« inférieures se nommaient *toiles à cirer* pour para-
« pluie et emballage ; la sorte ou qualité au-dessus se
« nommait *bougran* et s'apprêtait avec la gomme ;
« venaient ensuite celles dite *boucassine*, qui étaient
« ordinairement pour doublure : on en destinait aussi
« au cirage ; celles que l'on distinguait sous le nom de
« *demi-réformés* ou *réformés*, employées pour dou-
« blures en qualités supérieures à la boucassine, et enfin
« celles dite *treillis*, de fils plus fins que ceux des autres
« espèces et destinées pour coiffes à chapeaux. »

Pour terminer cette énumération des grosses toiles de lin, nous citerons les *blancards*, dont le centre de fabrication était à Saint-Georges-du-Vièvre.

A côté de ces industries dont nous venons de retracer le tableau entier, mais où l'on a pu relever au passage ce qui avait spécialement trait aux tissus de coton et indiquait les progrès accomplis par cette seule branche en deux tiers de siècles, s'en place encore une autre que son importance rendit en quelques années l'une des plus productives de l'industrie locale : nous voulons parler des velours de coton dont la naturalisation en Normandie appartient à un Anglais, naturalisé lui-même : j'ai nommé Holker

Jean Holker (1), gentilhomme anglais, du parti des Stuart, né à Stafford (Lancashire) le 14 octobre 1719, suivit d'abord le parti des armes. Fait prisonnier à la bataille de Culloden, il réussit à échapper de prison ;

(1) Nous avons emprunté tous nos renseignements sur Holker à une notice inédite de M. Gosselin, greffier à la Cour impériale de Rouen ; nous nous faisons un devoir de reconnaître qu'elle nous avait été remise bien antérieurement à la publication d'un article sur Holker, faite par le *Nouvelliste de Rouen*, en 1864.

mais, après une nouvelle tentative pour relever la fortune du prétendant, la paix d'Aix-la-Chapelle le contraignit à renoncer à la carrière des armes, et il tourna ses loisirs forcés du côté de la mécanique industrielle. L'état de l'industrie manufacturière en Normandie et en Picardie lui ayant révélé ce qui manquait à notre pays, il osa, quoique proscrit, retourner en Angleterre, et en revint avec des notes nombreuses et vingt-cinq ouvriers anglais.

Ce fut avec ces premières notions et les secours intelligents de M. de Choiseul, alors ministre de Louis XV, qu'en 1751, il créa à Saint-Sever une manufacture de velours de coton, dont les résultats furent magnifiques; en 1752 un arrêt du Conseil la dota d'un privilége de douze ans et du titre de manufacture royale.

En 1753, il s'associa les frères Paynel, Dharistoy et Guillebaud, et la société marcha avec un capital de 100,000 livres.

Ses résultats furent si prospères qu'en 1758 Holker pouvait se retirer de la gestion active, et que la société lui assurait un intérêt d'un cinquième dans les bénéfices sans mise de fonds, et jusqu'à la fin du privilége (1764) une pension de 2,000 livres.

Dans l'intervalle, Holker avait occupé ses loisirs en établissant les cylindres, les presses à chaud, les moulins à retordre « et autres mécaniques pour la filature « et la fabrique des étoffes dont l'usage devint bientôt « général en France. (1) » Aussi le gouvernement, heureux de récompenser la persévérance et le succès de

(1) Lettres-patentes de 1774, enregistrées à la Chambre des Comptes de Normandie.

ses efforts, lui accordait-il, en 1755, la place *d'Inspecteur général des manufactures* avec un traitement de 10,000 livres sur les octrois de Rouen.

Holker fonda « des écoles de filature » dans presque toutes les généralités du royaume, et, pour résumer d'un mot ce qu'il fit pour la France, il suffit de rappeler les considérants des lettres d'agrégation à la noblesse française que le roi lui délivra en 1774 (1). « Il établit des « fabriques de velours de coton à Vernon, Evreux, « Caudebec, Sens, Dijon, Bellet et Amiens ; il établit « des fabriques de toiles de coton, garras et mousse- « lines dans plusieurs provinces, à Beauvais, Mont- « pellier, Alby, Castres, Montauban, Mendes, Bourges, « Tours, Lyon, Limoges ; dans le Languedoc, il rendit « le commerce florissant par la fabrication des bayettes, « sempiternes, charlons et autres petits lainages ; il y « ajouta des mouchoirs imprimés... que l'étranger « fournissait seul auparavant... Il s'occupa avec un « égal succès de la teinture, et, par de nouveaux pro- « cédés, il parvint à un bleu plus propre aux taffetas et « autres toiles de cette espèce, destinée au commerce « de Guinée (2). »

De pareils considérants honorent autant le gouvernement qui proclame de tels services que le citoyen qui s'en rend digne.

Le fils de ce grand industriel, marchant sur les traces de son père, réussissait bientôt à doter l'industrie française de nouveaux perfectionnements qu'il emprunta surtout à la chimie. Ce sont encore les lettres-patentes

(1) Il était naturalisé depuis 1766.

(2) Lettres-patentes de 1774.

qui nous en instruisent. « La chimie lui a dévoilé le « secret de la composition de l'huile de vitriol dont il « est en état de fournir notre royaume de France et la « Suisse, et sa perspicacité, celui des cartons glacés « indispensables pour les apprêts des petits lainages « qu'on n'avait encore pu imiter en France. Egalement « habile en mécanique, un rouet de son invention, d'un « prix modique, fait tourner à la fois vingt-quatre bro- « ches aussi facilement que les rouets ordinaires en font « tourner une, et prépare des fils plus fins et plus unis.. « Différentes presses, de nouveaux fourneaux et cylin- « dres qu'il vient de construire à Amiens, vont encore « perfectionner les étoffes qu'on y fabrique » Aussi le Roi pouvait rendre publiquement au père et au fils ce témoignage « qu'ils avaient contribué à accroître « l'industrie française et procuré par ce moyen une « occupation à plus de 80,000 personnes, tant vieil- « lards que femmes et enfants. »

Il semblait que rien ne pût ébranler une fortune si sûre et si noblement acquise. Mais quelques années plus tard, Holker fils, mêlé d'une façon brillante comme agent diplomatique de la France aux événements de la guerre d'Amérique, se lançait dans des spéculations hasardeuses. Compromis bientôt par des faillites considérables, il était obligé de tirer sur son père pour 572,000 livres de traites, et celui-ci les payait sans hésiter; c'était sa ruine presque complète, mais c'était sauver aussi l'honneur de la famille. Peu de temps après, Holker mourait, en 1786, le cœur attristé par ces revers, et son corps était confié au cimetière des Dames Ursulines.

Telle fut la vie de cet homme de génie, dont les descendants directs existent encore parmi nous (1), et qui peut être considéré comme l'un des plus hardis pionniers de l'industrie cotonnière, en France.

Des tableaux conservés dans nos archives nous apprennent quelle était l'importance de ces tissus de velours de coton. En 1771, la manufacture royale de Rouen en produisait 1,370 pièces de 24 aunes d'une valeur de 373,000 livres, et en 1772, 1,755 pièces d'une valeur de 430,000 livres. Deux autres manufactures semblables, créées à Evreux et Vernon, en produisaient, celle d'Evreux pour 450,000 livres, celle de Vernon pour 378,000 livres (2).

Certes, quand l'honneur des Holker ne consisterait que dans ce fait d'avoir doté la France d'une branche d'industrie si féconde, c'en serait assez pour qu'ils aient mérité d'être recommandés au souvenir de leurs concitoyens; ils ont fait plus, car c'est à eux qu'appartient la création de la première machine à filer mécaniquement le coton, et c'est à ce titre que nous avons fait porter l'attention sur ce rouet inventé par le fils Holker, qui mettait en mouvement 24 broches et produisait un fil plus fin et plus uni. C'est là le point de départ d'une transformation complète dans l'industrie cotonnière, qu'alimentaient jusque-là les cotons filés au rouet.

Ce fut en 1776 que la manufacture royale de

(1) A Gainneville, près Fécamp.

(2) Pour compléter ces renseignements, nous renvoyons aux pièces justificatives un « *état du nombre d'étoffes* de coton et autres marchandises étrangères fabriquées... dans cette généralité pendant le cours de 1772, avec la comparaison à l'année 1771. » Il est emprunté aux archives départ., C. 158.

velours établit de petites Jennys pour la filature des chaînes (1).

Ce germe précieux était à féconder, ce fut encore à un Rouennais qu'en revint l'honneur. En 1749 (treize ans avant la Jenny), un sieur Brisout de Barneville avait inventé une machine à filer le coton. Elle présentait d'assez nombreuses imperfections, mais son fils Nicolas-Denis-François, né à Rouen le 7 septembre 1749, reprenant l'œuvre paternelle, l'amena à un tel degré de correction, qu'il en fut considéré comme le véritable inventeur.

Restait à exploiter l'invention; à partir de ce moment, les obstacles s'accumulent et la vie entière de Brisout de Barneville ne parviendra pas à les vaincre.

Cependant, en 1783, il obtient par un arrêt du Conseil une prime d'encouragement jusqu'à concurrence de 15,000 livres sur les mousselines fabriquées à l'imitation de celles des Indes.

En 1786, M. de Calonne met à sa disposition des ateliers aux Quinze-Vingt; l'Académie des Sciences proclame la supériorité de son tissu sur la mousseline des Indes. Louis XVI visite ses métiers, et il est authentiquement constaté que sa mécanique parvient à tirer d'une livre de coton jusqu'à 300,000 aunes de fil. En février 1788, il obtient du Gouvernement une pension de 2,000 livres, et 20,000 livres pour le prix de deux machines qu'il fournit à l'État. L'une de ces ma-

(1) L'invention de la Jenny, en Angleterre, date de 1767; elle fut complétée en 1769 par le système des étirages empruntés aux *filoirs continus* récemment créés. (*Voir* Aperçus historiques et statistiques sur l'industrie cotonnière dans le département de la Seine-Inférieure, par Lelong. *Bulletin de la Société*, vol. 1835, p. 218. Je leur dois de précieux jalons).

chines est même envoyée à Rouen, elle y fonctionne à Saint-Sever; une maîtresse fileuse, la demoiselle Denis, est engagée pour la diriger au prix de 1,200 livres par an. Une Société se forme au capital de 96,000 livres pour employer le coton filé par cette machine (1). Cette entreprise commençait a prospérer, « lorsque, dès « les premiers jours de l'insurrection du 12 juillet « 1789, le peuple, égaré par les ennemis du bien « public, » mit en pièces la machine de Barneville, malheureusement comprise dans la destruction qu'une multitude ignorante avait résolue des métiers anglais récemment importés.

A partir de ce moment, les efforts pour remettre en activité la machine de Barneville paraissent être demeurés sans résultat. Ce fut en vain que la Convention, par décret du 7 frimaire an III, mit à sa disposition une somme de 200,000 livres, somme plus fictive que réelle; Brisout de Barneville ne put créer un nouvel établissement, et il mourut à Valenciennes le 26 mars 1842, à peu près ignoré de compatriotes pour

(1) Rapport sur les Travaux de la Commission intermédiaire de la Haute-Normandie, p. 164 et ss. On y constate sur la machine de M. de Barneville les détails suivants que nous sommes heureux de recueillir : « Par ce grand rouet, qui occupe 128 fileuses, on file le coton au degré « de finesse nécessaire pour fabriquer de la mousseline pareille à celle qui « vient des Indes. — Dans l'intervalle d'une heure, elle (la demoiselle Denis) « a filé, en présence des membres du bureau, 193 aunes de coton pesant « 15 grains, ce qui donne 119,193 aunes à la livre. On peut, en employant « plus de temps, réduire le fil à un tel degré de finesse, qu'une livre de coton « donne 300,000 aunes... Mais l'observation de M. de Barneville, appuyée « par la comparaison des fils tirés du Bengale, constate que le parti le « plus avantageux qu'on puisse en tirer est de faire du fil de 150 à « 170,000 aunes. »

l'industrie desquels il avait fait de si heureuses tentatives (1).

Voici donc deux noms bien recommandables pour l'histoire de l'industrie cotonnière, Holker à qui l'on doit les velours de coton et l'introduction des Jennys; Brisout de Barneville, créateur d'une machine à filer produisant des fils d'un degré de finesse inconnu jusque-là.

Cependant il est juste de reconnaître que ces tentatives, pour substituer le filage mécanique au filage à la main, paraissent n'avoir rencontré à leur début qu'une médiocre sympathie. C'était un bouleversement dans les habitudes de la population: aux occupations sédentaires de la fileuse travaillant à domicile, on parlait de substituer la réunion des ouvriers dans ces établissements énormes que la postérité devait désigner sous le nom de fabriques. L'hésitation semblait au moins légitime. Mais le traité de commerce de 1786 vint mettre fin à toutes ces temporisations; il devint avéré pour tous que si l'on voulait lutter avec l'Angleterre, il fallait se procurer des armes égales. Alors, comme on l'a fait depuis, on avait fort bien remarqué que l'avantage des Anglais tenait au bas-prix de leurs charbons de terre, qui coûtaient à Rouen de 47 à 50 fr. les deux milliers, et 11 livres 10 sous à Manchester, et à la grande économie de main-d'œuvre réalisée par leurs ingénieuses inventions : « Les campagnes de Manchester, consignait dans ses procès-verbaux l'as-

(1) *Voir*, Sur Brisout de Barneville, un intéressant article de M. Th. Le Breton, *Revue de Rouen*, 1849, p. 449, dont nous avons extrait ces renseignements.

semblée provinciale de 1787, « et toute la province de « Lancastre sont remplies de ces grandes machines qui, « mues par un courant d'eau et par une pompe à feu, « servent à décarder, filer, tisser, à apprêter et blan-« chir, et les Jennys, petits instruments par lesquels « une femme peut filer jusqu'à quatre-vingt fils, rem-« placent les rouets dans les campagnes (1). »

Seulement, il importe de bien préciser ce qui avait été fait jusque-là ; le seul moyen d'apprécier équitablement la réclamation de notre savant compatriote, M. Pouchet, réclamation qui se place à la date de 1790, consiste dans l'examen attentif de ce qui avait eu lieu avant cette date.

Nous trouvons d'abord dans une lettre du 16 août 1784, écrite par M. de Tolozan à M. de Crosne, intendant de Rouen, la mention suivante : « Il a déjà été établi « des méchaniques destinées *à carder et à filer* le coton « dans beaucoup de villes du royaume, notamment à « Rouen, Sens, Troyes, Amiens et Lyon. »

Cette lettre était écrite à l'occasion d'une demande de MM. Petou, de Cretot et Le Camus, fabricants de draps à Louviers, qui sollicitaient « un privilége exclu-« sif pendant un certain nombre d'années pour filer « la laine et le coton dans tous les degrés de finesse « possible, à l'aide d'une méchanique qu'ils se propo-« saient d'établir dans cette ville, sur la rivière d'Eure, « en société avec deux Anglais qu'ils y avaient attirés. » Et il ressort du ton de la correspondance que ce qui préoccupait surtout, c'était de savoir si cette machine

(1) *Procès-verbal des séances de l'Assemblée provinciale de la Généralité de Rouen*, p. 56.

pouvait filer la laine « dans le même degré de finesse « que les machines établies à Rouen ou dans les envi« rons filent le coton (1). »

La filature mécanique du coton avait donc reçu, dès avant 1784, un certain développement

M. Lelong, dans le travail que nous avons déjà cité, donne en effet la date du 18 mai 1784 comme celle d'un brevet accordé pour l'établissement d'une filature continue, et dit que plusieurs autres furent successivement brevetées.

Le 8 octobre 1785, le roi accordait au sieur Miln, mécanicien anglais, 6,000 liv. d'encouragement, 6,000 liv. de gratification annuelle et un local convenable, et en outre une prime de 1,200 livres par chaque assortiment de machines livrées à nos filatures (2).

En 1786, après le traité de commerce, un de nos industriels les plus distingués, membre de notre Société, M. Alexandre de Fontenay, se rendait en Angleterre pour y étudier les procédés de fabrication. Et s'il n'est pas juste d'admettre, avec M. le comte Beugnot, dans l'éloge qu'il faisait de M. de Fontenay en 1835 (3), que de Fontenay ait répandu les PREMIERS *Jennys* à Sotteville, à Oissel et dans les faubourgs de Rouen, il paraît incontestable « qu'il fonda à Louviers, sur les propriétés de sa famille, le premier moulin qui ait été imité et dépassé par tant d'autres (4). »

C'est sans doute cet établissement industriel que

(1) Arch. départ., fonds de l'Intendance, c. 136.

(2) Lelong, ouvrage cité.

(3) Bulletin de la Société, 1835, p. 70.

(4) Id., ibid., p. 78.

l'assemblée provinciale de Rouen signalait en 1787, lorsque, voulant indiquer un type de ces grandes machines qu'il y aurait à créer pour lutter avec l'Angleterre, elle disait : « Nous en possédons une exécutée « en grand auprès de Louviers par le zèle et le cou- « rage de plusieurs négociants ; c'est un moulin qui « décarde le coton, le dégrossit, le divise et le file sur « plus de 2,000 fuseaux à la fois (1) ».

Ceci était écrit en 1787. On peut donc affirmer hardiment qu'à cette date la grande filature mécanique existait en Normandie, et il est permis peut-être d'ajouter que le titre de créateur de cette industrie appartient à *Alexandre de Fontenay*.

Au reste, pour être juste, il faut reconnaître que dans notre pays l'initiative individuelle fut chaudement appuyée par le concours de tous les industriels intelligents.

Lorsque le 15 décembre 1787, l'Assemblée provinciale de Normandie se séparait, en pleine crise commerciale, elle sollicitait du roi la création d'une commission permanente sous le titre de : « Bureau « d'encouragement pour le commerce et les manu- « factures de la Généralité ».

L'autorisation royale intervenait bientôt. Le bureau était composé de MM. le cardinal de la Rochefoucault, le marquis de Conflans, l'abbé de Goyon, l'abbé de Saint-Gervais, le président de Coulons, L. Dambournay, Le Couteulx, de Canteleu, A. Hellot, Jean-Baptiste de Cretot, Bornainville, de Fontenay, Gueudry, Noël Périer, toutes notabilités commerciales et industrielles, et le roi mettait à sa disposition une somme

(1) *Procès-verbal de l'Ass. prov.*, p. 57.

de 300,000 livres, que le mauvais état des finances ne permit malheureusement de fournir que jusqu'à concurrence de 100,000 (1).

Nous avons, dans le rapport de la Commission intermédiaire de Haute-Normandie, le résumé de ce qui fut fait et tenté par le Bureau d'encouragement.

Il s'efforça d'abord de se procurer « les modèles des « machines à bras les plus parfaits, soit pour carder et « dégrossir le coton, soit pour le filer, en s'attachant « des artistes capables d'en faire et surveiller l'exécu- « tion et l'action. » Pour y parvenir, il fit marché, le 28 avril 1788, avec un sieur Georges Garnett, mécanicien anglais, qui, moyennant 2,000 liv. de fixe et des gratifications éventuelles pouvant s'élever jusqu'à 16,100 liv. par an, s'engagea à fabriquer des machines à filer et carder le coton. Trois de ses machines à carder, notamment, furent livrées à l'industrie.

A un autre point de vue, le Bureau s'efforça d'agir par la communication des ses modèles et de ses conseils, et par la remise d'un quart dans l'achat des instruments qu'il aurait approuvés ou fournis de son dépôt, quart qui n'était remboursable qu'après une année de jouissance et de succès.

C'est ainsi qu'il acheta des sieurs Wood et Hills, mécaniciens anglais établis à Louviers, une machine à carder, dont le prix de revient était de 900 livres et qu'il la paya 1,000 livres, à titre d'encouragement, pour la remettre à l'atelier public de la paroisse Saint-Maclou,

(1) Il est même à remarquer, pour l'honneur de la Société, que c'est de ce Bureau d'encouragement que devait sortir la Société libre d'Émulation. *Voir* le Mémoire de M. De Lérue, publié dans le Bulletin des Travaux de la Société de 1851.

où elle devait entretenir les fileuses de coton cardé. On le voit également prêter 11,000 livres à dix particuliers qui avaient créé à Rouen ou aux environs « de « petits établissements de filature de coton par les « Jennys ; » fournir des *Jennys* à trente autres filateurs stimulés par les conditions favorables qu'offrait le Bureau, et encourager tellement l'émulation des ouvriers tourneurs, qu'en peu de temps le prix des Jennys baissa de 250 à 130 livres (1).

Ces efforts du Bureau d'encouragement produisirent les plus heureux effets ; et elle avait communiqué à l'industrie locale une telle activité, qu'ils semblaient, dit un document contemporain « ne pas nous laisser « craindre plus long-temps la concurrence anglaise (2). « Déjà se fabriquaient les mousselines, mousse- « linettes, basins et autres étoffes en coton, lorsque « dès les premiers jours de l'insurrection du 12 juillet, « le peuple, égaré par les ennemis du bien public, « anéantit dans un jour l'ouvrage de plus de quinze « mois de travaux, et tarit les sources de son bonheur « et de sa prospérité (3) ».

Nous remarquerons en passant que parmi les établissements détruits ce jour-là figurait la filature en coton du sieur Debourges, filature mécanique à la direction de laquelle participaient deux ouvriers anglais (4).

(1) Rapport sur les travaux de la Commission intermédiaire de Haute-Normandie, p. 157, 160, 162, 164.

(2) Procès-verbal des séances de l'Assemblée administrative, novembre et décembre, 1790, p. 267.

(3) Id., p. 267.

(4) Procès-verbal des séances de l'Assemblée administrative du département de la Seine-Inférieure, 1791, p. 192.

A partir de ce moment, l'industrie locale ne se releva pas. On peut bien, il est vrai, constater encore quelques essais individuels; et tandis qu'à Amiens, en 1791, un fabricant construisait un *Mull* de 180 broches, et recevait une gratification de 12,000 livres (1); en Normandie, à Louviers, Grout, l'architecte du Théâtre-des-Arts, terminait sa grande filature, et jetait les fondations de celle de Fontaine-Guérard, établissement modèle où les sieurs Masson, Lecointe et autres se proposaient d'établir 28 fileries de chacune 62 broches, des laminoirs, des carderies et tous les accessoires de la fabrication anglaise (2). Mais ces tentatives isolées, contrariées par les événements politiques, demeurèrent stériles jusqu'au jour où le premier Empire permit à l'industrie française de se rétablir à l'abri d'un régime fortement protecteur.

Ces renseignements ont déjà fait justice du titre si bénévolement accordé à Richard Lenoir de créateur de l'industrie de la filature mécanique du coton (3) en France. Il nous reste maintenant à apprécier le rôle qu'il faut attribuer à notre compatriote et ancien collègue, L.-E. Pouchet, dans cette lutte de l'industrie française contre l'industrie anglaise, et c'est ici que nous utiliserons les renseignements que son fils a si gracieusement mis à notre disposition.

(1) Le Long, ouvrage cité.

(2) Note communiquée par M. le greffier Gosselin.

(3) Cette erreur s'est glissée dans le *Dictionnaire de Biographie* de MM. Bachelet-Désobry, où on lit « qu'il monta à Paris les premiers métiers pour le filage et le tissage du coton. »

En 1788, M. L.-E. Pouchet publiait un petit volume ayant pour titre: « Traité de la fabrication des étoffes. »

Lui-même explique son passé et enseigne l'expérience qu'il y a puisée pour le sujet qu'il se propose de traiter.

« Mon but n'est point d'enseigner l'art de fabriquer « les étoffes, mais j'y ai été élevé, j'en ai ensuite « fait le commerce, tant dans l'intérieur du royaume « que dans le pays étranger, et depuis quelques années, « m'étant particulièrement appliqué à celui des fils, « j'ai toujours été frappé des obstacles qui s'opposent « en France au progrès de nos manufactures (1). »

Ce petit ouvrage est, en effet, l'un des plus précieux que l'on puisse rencontrer pour l'histoire de l'industrie. Il contient des renseignements positifs sur le prix de la main-d'œuvre, fournit des données exactes sur les principes qui servent à fixer le prix du travail; il prend hardiment la défense de l'introduction des machines, et prouve qu'elle est sans danger; il propose, pour la vente des fils, l'adoption d'un tarif basé sur la longueur des fils, par livre; et puis, entrant dans le détail des machines usitées alors en Normandie (1788), il vient confirmer ce que nous avons avancé déjà, cite la filature et le filage d'Arkwright (métiers continus), adopté par la filature de Louviers (2), que nous avons indiquée comme en pleine activité à cette date, et donne quelques détails sur la *Jenny* ou *Jeannette*, dont il se plaint qu'en Normandie on n'ait guère tiré parti; il fait néanmoins quelques exceptions, entre autres

(1) Avertissement.

(2) Id., p. 45

celle qu'offre un établissement « aux environs de « Rouen, dans lequel le meilleur ordre est établi, et « qui ne le cède en rien à ceux d'Angleterre, mais qui « suffit à peine aux besoins d'une manufacture dont il « dépend (1). »

M. Pouchet indique avec éloge la mécanique de M. de Barneville (2), et après une critique sérieuse et modérée du régime auquel l'industrie française était soumise, il termine en rassurant ses concitoyens contre les dangers de la concurrence anglaise, et en leur donnant l'espoir que « si les travaux étaient bien dirigés en Normandie, ils pourraient d'ici à deux ou trois ans l'emporter sur les Anglais autant comme ils l'emportaient sur nous, et les mettre hors d'état de soutenir la concurrence de nos manufactures, non-seulement en France, mais aussi en pays étranger (3). »

Heureuse prophétie que notre époque est peut-être appelée à voir s'accomplir, mais qui n'a de chances de se réaliser que si les événements politiques ne viennent point troubler, par leurs périlleuses incertitudes, les développements de la prospérité commerciale!

On le voit, dans cet ouvrage, M. Pouchet ne se donne ni comme inventeur, ni même comme industriel, et il reconnaît que la filature mécanique était introduite en Normandie et avait à Louviers un établissement modèle.

Seulement, ce qu'il ne faut pas oublier, c'est que Louis-Ézéchias Pouchet fut attaché, pour la partie

(1) P. 50.

(2) P. 57.

(3) P. 77

mécanique, à cette grande filature de Louviers, et que, en rappelant ce détail, M. Lecarpentier, chargé de faire son éloge à l'Athénée de Paris le 19 octobre 1807, ajoute : « qu'il y fit des réformes importantes. » On sait d'ailleurs qu'à ce moment M. Pouchet revenait d'Angleterre (1), et l'on peut admettre, avec son fils, qu'il eut réellement part à l'introduction des métiers continus d'Arkwright. Nous n'oserions aller plus loin et affirmer que cet honneur doive lui être exclusivement réservé ; lui-même dans son ouvrage ne l'affirme pas, et nous verrons dans un instant les titres qui lui furent officiellement reconnus. D'un autre côté, les voyages que nous savons avoir été faits en Angleterre par Alexandre de Fontenay, créateur de la filature de Louviers, les efforts du Bureau d'encouragement, cette émigration en France d'ouvriers mécaniciens anglais, Wood et Hills, à Louviers, Garnett et autres à Rouen, tout cela nous porte à penser que l'introduction des métiers d'Arkwright fut la conséquence du mouvement général, excité par le traité de 1786, qui portait tous les industriels intelligents vers l'adoption des machines anglaises. Toutefois, le voyage que fit Louis-Ezéchias Pouchet en Angleterre, en octobre 1787, nous donne lieu de croire qu'il y coopéra. C'est déjà un assez beau titre de gloire pour que nous soyons heureux de le retenir.

Plus tard, M. Pouchet publia des *Etudes graphiques des nouveaux poids et mesures et monnaies de la République française*, ouvrage qui mérita l'approbation de la Commission des Poids et Mesures et du Bureau de

(1) Son voyage eut lieu en octobre 1787. (*Voir* son Traité, p. 79.)

Consultation des Arts et Métiers, et valut à son auteur, le 24 prairial an III, une somme de 3,000 liv., décernée à titre de récompense nationale; en l'an V, il fit paraître sa *Métrologie terrestre*, ou tableau des nouveaux poids, mesures et monnaies de France.

Enfin, ce fut en l'an X, à la suite de l'exposition des produits de l'industrie, que ses mérites industriels furent solennellement proclamés et récompensés par l'Octroi d'une *médaille d'or* de première classe.

C'est là un titre justement précieux pour la famille, et nous nous y associons avec un légitime orgueil pour la part qui en rejaillit sur la Société d'Émulation.

Voici les termes dans lesquels cette récompense exceptionnelle, la seule qui à cette exposition ait été décernée aux machines à filer le coton (1), était motivée :

« Pouchet (Louis-E.), de Rouen : *il n'a cessé depuis* « 1786 *de s'occuper de l'établissement des filatures de* « *coton*. Il a imaginé récemment de diviser le système « d'Arkwright en petites machines qui n'occupent pas « plus de place qu'un rouet commun. Ces machines « ont l'avantage de convenir aux plus petits emplacements; elles peuvent être manœuvrées par une « personne isolée et donnent la facilité d'allier les soins « domestiques aux travaux d'une filature vingt-quatre « fois plus productive que celle des rouets ordinaires; « elles n'exigent qu'un apprentissage de deux heures, « tandis que les rouets ordinaires demandent trois « mois, circonstance qui en rend l'introduction facile « dans les maisons de détention. »

(1) M. Pouchet observe avec raison que la médaille décernée à Richard Lenoir le fut seulement pour *colonnades*.

Et l'on sait en effet que, tournant son attention vers ce but moralisateur, Louis-Ezéchias Pouchet « avait « conçu le projet d'un établissement de filature dans « la maison de réclusion à Rouen, dans le dessein d'ar- « racher les détenus à une honteuse et pernicieuse « oisiveté. »

Nous adhérons sans réserve aux éloges que cette pensée obtenait de M. Le Carpentier : « L'industrie « et l'émulation ne tardèrent pas à s'introduire dans « cet asile du malheur et y firent succéder l'abondance « à la misère, et le produit de la journée des détenus « se monta jusqu'à 30 sols et au-dessus, au lieu de 7 à « 8 sols qu'elle leur valait auparavant. Je laisse à « penser combien ce changement opéré par notre phi- « lanthrope dut causer de satisfaction parmi ces mal- « heureux (1). »

Deux ans plus tard (3 pluviôse an XII), Louis-Ezéchias Pouchet, poursuivant des améliorations mécaniques qui étaient désormais le but de sa vie, prenait un brevet d'invention « pour moyens propres à perfec- « tionner les machines à filer le coton. »

Voici comment lui-même s'exprime et les décrit :

« La médaille d'or que j'ai obtenue en l'an X, *pour « avoir perfectionné* les machines à filer le coton d'après « le système de M. Arkwright, et le grand nombre de « machines qui ont été construites et que l'on continue « de construire suivant son système, ne laissent aucun « doute sur sa bonté, et je viens d'y ajouter une per- « fection qui me paraît de nature à le faire adopter de « préférence à tout autre.

(1) Notice nécrologique lue à l'Athénée des Arts le 19 octobre 1807.

« ..... Pour réunir les avantages de ces différentes « constructions et pour approprier mon système aux « plus grands comme aux plus petits établissements, « j'ai imaginé d'*étager* mes broches... Ce principe de « l'*étagement* des broches étant une fois connu, rien « n'empêche d'en porter le nombre au-dessus de deux, « ce qui pourrait se faire de plusieurs manières... (1). »

Ces documents nous semblent suffire pour bien fixer le rôle qui appartient à Louis-Ezéchias Pouchet dans la transformation que subit, à la fin du siècle dernier, la filature de coton. Il contribua à l'importation des métiers anglais ; il fut associé activement pour la partie mécanique, au premier grand établissement industriel de ce genre fondé par Alexandre de Fontenay ; plus tard il perfectionna les métiers d'Arkwright, il les mobilisa pour ainsi dire, il conçut le principe de l'étagement des broches, et ses métiers, répandus sur une large échelle dans notre province, accélérèrent les progrès qu'y fit l'industrie cotonnière ; ces titres sont certains, ils sont antérieurs à ceux que l'on prête à Richard Lenoir, qui n'en a pas besoin, et si l'on veut examiner de près les droits de ce dernier, nul ne lui contestera celui de grand manufacturier, mais on sera fondé à lui dénier celui de créateur en France de la filature mécanique du coton. Nous revendiquons pour notre province une antériorité bien constatée ; avant le nom de Richard Lenoir, nous mettrons ceux d'Holker, de Brisout de Barneville et d'Alexandre de Fontenay, et si nous avions en terminant un vœu à former, ce serait que, pour mettre fin à des discussions

(1) Pièce communiquée par M. Pouchet.

tant de fois engagées, et sur la solution desquelles l'avenir tendra toujours à répandre l'obscurité, un tableau fût placé dans le Musée industriel créé par la Société d'Emulation, où seraient inscrits les noms de nos compatriotes à qui appartient l'honneur d'avoir développé l'essor de l'industrie normande. J'y réclamerais une place pour ceux dont j'ai cité les noms, avec une mention sommaire de leurs titres; et je demanderais encore qu'à côté d'Holker, de Brisout de Barneville, d'Alexandre de Fontenay figurât à son rang Louis-Ezéchias Pouchet, ancien membre de la Société.

Une telle résolution serait le complément nécessaire du Musée industriel; elle constituerait un encouragement précieux pour nos grands industriels d'aujourd'hui, qui ambitionneraient l'honneur de figurer un jour sur un pareil tableau; pour ces hommes d'élite du passé dont les services échapperaient ainsi à un oubli immérité, elle serait la justice de l'histoire, et pour la Société d'Emulation, l'acquit d'une dette qu'elle ne peut renier sans manquer à ses traditions.

Suit le tableau :

Arch. départ. de la Seine-Inférieure, c. 158.

—

Année 1772.

GÉNÉRALITÉ

Etat du nombre de pièces d'étoffes de coton dans les manufactures royales et autres le courant de 1772 avec la

LIEUX de FABRIQUE.	DÉNOMINATION des ÉTOFFES.	LARGEUR des ÉTOFFES.	LONGUEUR des ÉTOFFES
Manufacture royale de Saint-Sever, à Rouen..	Velours tout coton...	7/16	24 aunes
	— soie et coton.	id.	id.
	— cannelés....	id.	id.
	Silkgens	id.	id.
	Draps de coton.....	id.	id.
Le sieur Adam, passementier à Rouen.........	Velours tout coton...	7/16	24 aunes
	— cannelés....	id.	id.
Manufacture de M. Davoust à Rouen....	Sangles doubles.....		24 aunes
	Surfaix...........		id.
	Faux siéges de selles.		id.
	Ceintures tout fil....		id.
Manufacture de la veuve Langlois, à Rouen....	Draps de coton......	3/4	32 aunes
	Peluches de coton...	id.	30 —
	Molletons de coton...	id.	25 —
	Couvertures de coton.		
Manufactures royales.. de Vernon.	Velours tout coton..	7/16	24 aunes
	— cannelés....	id.	id.
Manufactures royales.. d'Evreux..	Velours tout coton..	7/16	24 aunes
	— cannelés....	id.	id.
Manufacture du sieur Poucher, à Bolbec........	Velours tout coton...	7/16	24 aunes
	— cannelés ...	id.	id.

Augmentation dans l'année 1772 par compensation

DE ROUEN.

et autres marchandises étrangères fabriquées établies dans cette généralité pendant comparaison sur l'année 1771.

PRIX de L'AUNE.	PRIX des PIÈCES l'une dans l'autre	PIÈCES en 1772.	VALEUR des PIÈCES en 1772.	PIÈCES en 1771.	VALEUR des PIÈCES en 1771.
# ʃ	# ʃ		#		#
13 —	312 —	943	294,216	849	264,488
14 —	336 —	—	—	1	336
7 —	168 —	812	136,416	529	88,872
6 10	156 —	20	3,120	10	1,560
4 10	108 —	12	1,296	3	324
13 —	312 —	70	21,840	20	6,240
7 —	168 —	150	25,200	—	—
1 10	36 —	58	2,088	122	4,392
1 10	36 —	49	1,764	130	4,680
— 16	19 4	20	384	12	230 8
1 5	30 —	33	990	21	630
5 5	168 —	2	336	4	540
7 —	210 —	2	420	8	1,680
4 10	112 10	2	225	4	504
—	30 —	8	240	50	1,500
13 —	312 —	894	278,928	834	260,208
7 —	168 —	591	99,928	731	122,808
13 —	312 —	975	304,200	878	273,836
7 —	168 —	904	151,872	914	153,552
13 —	312 —	90	28,080	150	46,800
7 —	168 —	10	1,680	—	—
	TOTAUX..	5,645	1,352,583	5,270	1,233,580 8
avec celle de 177....		375	119,002 12		

OBSERVATIONS.

On voit par cet état une augmentation de 375 pièces, et en argent de 119,002 l. 12 s. par comparaison avec l'année 1771. Cette augmentation tombe sur la manufacture royale des velours de coton de Saint-Sever à Rouen, qui a fabriqué 94 pièces de velours pleins et 283 pièces de velours cannelés de plus que l'année d'auparavant. Cette manufacture se soutient toujours avec avantage ; elle entretient actuellement 180 métiers battants et occupe environ 1,500 fileuses dans les faubourgs et banlieue de Rouen. Les entrepreneurs avaient envoyé en Espagne quelques pièces de velours de coton qui y ont été goûtées, mais la prohibition qui est venue peu après de nos étoffes de coton dans ce royaume a fermé ce nouveau débouché, et a fait tort aux autres étoffes en coton qui se fabriquent dans cette généralité.

Le sieur Adam, maître passementier à Rouen, commence à étendre sa fabrique de velours ; il espère encore l'augmenter cette année. Ses velours sont également bien pour la qualité et la teinture.

Ce que M. Davoust fait fabriquer à Rouen est peu considérable et a été encore moindre que dans l'année 1771. Il dit qu'on fabrique actuellement à Paris des ceintures et sangles comme les siennes. Il lui reste encore pour 12,000 l. des couvertures de coton qu'il faisait autrefois, et ne compte plus reprendre cette branche de commerce.

Les petites étoffes que la veuve Langlois fait fabriquer à Rouen sont de peu de conséquence, et un bien faible objet de commerce, comme l'on voit. Cette veuve, qui est mal dans ses affaires, ne peut remonter sa fabrique et on n'espère point qu'elle puisse se relever.

La manufacture royale de velours de coton établie à Vernon et à Evreux se soutient toujours bien. Cela forme un objet de commerce très considérable qui fait beaucoup de bien dans ces deux endroits, principalement à Evreux, qui est aujourd'hui le chef lieu de cet établissement. Les soins que Riquier donne à la manufacture des coutils, façon de Bruxelles, qu'il a relevée, ne lui font point négliger ceux qui sont nécessaires à celle des velours.

La manufacture des velours de coton du sieur Pouchet, à Bolbec, est toujours peu considérable ; il a même fabriqué moins que l'année dernière, mais il compte étendre un peu sa fabrique cette année, ayant pris avec lui une société. Il a aussi commencé à faire quelques pièces de velours cannelés.

A Rouen, ce 24 avril 1773.

GOY.

Rouen. — Imp. H. Boissel.

www.ingramcontent.com/pod-product-compliance
Ingram Content Group UK Ltd.
Pitfield, Milton Keynes, MK11 3LW, UK
UKHW020223180726
13838UKWH00005B/2162